Bibliografische Information der Deutschen Nationalbibliothek:

Die Deutsche Bibliothek verzeichnet diese Publikation in der Deutschen National-bibliografie; detaillierte bibliografische Daten sind im Internet über http://dnb.d-nb.de/ abrufbar.

Dieses Werk sowie alle darin enthaltenen einzelnen Beiträge und Abbildungen sind urheberrechtlich geschützt. Jede Verwertung, die nicht ausdrücklich vom Urheberrechtsschutz zugelassen ist, bedarf der vorherigen Zustimmung des Verlages. Das gilt insbesondere für Vervielfältigungen, Bearbeitungen, Übersetzungen, Mikroverfilmungen, Auswertungen durch Datenbanken und für die Einspeicherung und Verarbeitung in elektronische Systeme. Alle Rechte, auch die des auszugsweisen Nachdrucks, der fotomechanischen Wiedergabe (einschließlich Mikrokopie) sowie der Auswertung durch Datenbanken oder ähnliche Einrichtungen, vorbehalten.

Impressum:

Copyright © 2009 GRIN Verlag, Open Publishing GmbH
Druck und Bindung: Books on Demand GmbH, Norderstedt Germany
ISBN: 9783640483358

Dieses Buch bei GRIN:

http://www.grin.com/de/e-book/138819/clusteranalyse-eine-kurze-einfuehrung

Benjamin Breuer

Clusteranalyse - Eine kurze Einführung

GRIN Verlag

GRIN - Your knowledge has value

Der GRIN Verlag publiziert seit 1998 wissenschaftliche Arbeiten von Studenten, Hochschullehrern und anderen Akademikern als eBook und gedrucktes Buch. Die Verlagswebsite www.grin.com ist die ideale Plattform zur Veröffentlichung von Hausarbeiten, Abschlussarbeiten, wissenschaftlichen Aufsätzen, Dissertationen und Fachbüchern.

Besuchen Sie uns im Internet:

http://www.grin.com/

http://www.facebook.com/grincom

http://www.twitter.com/grin_com

Inhalt

1. Einführung

Die vorliegende Arbeit gibt einen Überblick über die Clusteranalyse und ihre gängigsten Methoden. Sie gibt einen Einblick in die Anwendungsbereiche, wie z.B. in der Marketingabteilung eines Unternehmens, und die Anwendungsarten. Besonders wird, im letzten Kapitel, auf die Möglichkeit eingegangen eine Clusteranalyse mit Excel zu erstellen.

2. Definition

Das Clusteranalyseverfahren stammt aus den 50er Jahren.[1]

Clusteranalyse ist ein Sammelbegriff. Hinter diesem Sammelbegriff stehen eine Reihe an Methoden, welche dazu dienen innerhalb einer heterogenen Menge Objekten homogene Teilmengen zu identifizieren.[2]

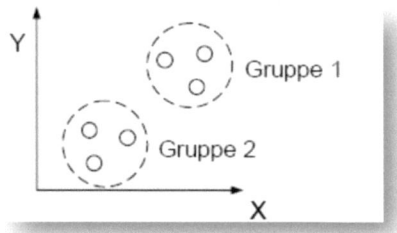

Abbildung 1: Gruppeneinteilung

Diese Teilmengen werden in Gruppen zusammengefasst. Diese Gruppen werden Cluster genannt. Diese Cluster sollten sich möglichst stark voneinander unterscheiden, während die Objekte in den Clustern sich möglichst ähnlich sein sollten. Diese Ähnlichkeiten müssen genau gemessen werden können, um eine Einteilung in Cluster ermöglichen zu können.[3] Des Weiteren muss entschieden werden welche Ähnlichkeiten in die Bewertung eingezogen werden. So besteht zunächst die Möglichkeit eine Gruppe Menschen z.B. in zwei Gruppen, Mann und Frau, einzuteilen. Dies ist jedoch in einigen Fällen nicht genau genug und auch

---

[1] Vgl. http://imihome.imi.uni-karlsruhe.de/nclusteranalyse_b.html
[2] http://imihome.imi.uni-karlsruhe.de/nclusteranalyse_b.html
[3] Vgl. http://marktforschung.wikia.com/wiki/Clusteranalyse

nicht sehr aussagefähig. Somit muss eine Kombination mehrere Merkmale gewählt werden wie z.B. Alter, Wohnort, Einkommen. [4]

Das grundlegende Ziel der Cluster ist es eine vereinfachte übersichtliche Struktur zu schaffen sowie Zusammenhänge innerhalb der Daten leicht erkennen zu können. [5]

3. Einsatzgebiete

Die Clusteranalyse wird in verschiedenen Bereichen eingesetzt. Unter anderem in der Medizin oder Biologie oder auch in der Wirtschaft. In der Wirtschaft wird mit Hilfe der Clusteranalyse z.b. Kundengruppen erkannt, Zusammenfassung und Vergleich gleichartiger Produkte oder auch die Bewertung von Arbeitsplätzen. [6] Hauptsächlich findet die Clusteranalyse ihr Einsatzgebiet in der Marketingabteilung. So lassen sich z.b. in der Reisebranche diverse Touristen-Cluster erstellen, die wie folgt aussehen könnten:

- Die Fordernende, welche im Urlaub exzellenten Service haben und verwöhnt werden wollen.
- Die Flüchtigen, welche einfach nur entfliehen und sich entspannen wollen.
- Die Gebildeten, welche neue Kulturen kennenlernen wollen oder Museen besuchen wollen. [7]

4. Proximitätsmaße

4.1 Distanzmaße

Die Distanzmaße messen die Unähnlichkeiten zwischen zwei Objekten. Je größer der Wert des Distanzmaßes, desto unähnlicher sind die Objekte. [8] Sie werden bei metrischen Daten angewendet. [9] Als Grundvoraussetzung für jede Clusteranalyse muss zunächst eine Distanzmatrix erstellt werden. Diese Distanzmatrix stellt alle möglichen Verbindungen zwischen den einzelnen Objekten dar. [10]

---

[4] Vgl. http://www.molar.unibe.ch/help/statistics/SPSS/28_Clusteranalyse.pdf
[5] Vgl. http://www.crgraph.de/Clusteranalyse.pdf
[6] Vgl. http://www.i-med.ac.at/msig/lehre/lehrunterlagen/ss07/2007_clusteranalyse.pdf
[7] Vgl. http://en.wikipedia.org/wiki/Cluster_analysis_(in_marketing)
[8] http://imihome.imi.uni-karlsruhe.de/nclusteranalyse_b.html
[9] Vgl. http://www.wirtschaftslexikon24.net/d/aehnlichkeitsmasse/aehnlichkeitsmasse.htm
[10] Vgl. http://marktforschung.wikia.com/wiki/Clusteranalyse

	Rama	Homa	Flora	SB
Homa	6			
Flora	4	6		
SB	56	26	44	
Weihnachtsbutter	75	41	59	11

Abbildung 2: Distanzmatrix nach der quadrierten Euklidischen Distanz[11]

Es gibt mehrere verschiedene Arten die Distanz zu berechnen. Die am häufigsten benutzten Distanzarten sind:

- Euklidische Distanz
- City-Block-Distanz
- Tschebyscheff Distanz

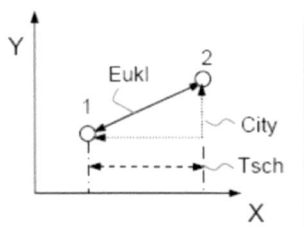

Abbildung 3: Distanzen

Um diese Distanzen zu berechnen werden folgende Berechnungen verwendet (d = Heterogenitätsmaß):

- Euklidische Distanz: $\quad d = \sqrt{(x_2 - x_1)^2 + (y_2 - y_1)^2}$
- City-Block-Distanz: $\quad d = |x_2 - x_1| + |y_2 - y_1|$
- Tschebyscheff Distanz: $\quad d = (|x_2 - x_1|; |y_2 - y_1|)$

Diese Berechnungen werden verwendet wenn der absolute Abstand zwischen den Objekten von Interesse ist. [12]

---

[11] http://public.univie.ac.at/fileadmin/user_upload/lehrstuhl_marketing/Dokumente_Mitarbeiter/Heribert_Reisinger/Lehre/Salzburg/seminar09_clusteranalyse.pdf

[12] http://www.statoek.wiso.uni-goettingen.de/veranstaltungen/graduateseminar/clusteranalyse.pdf

Wenn eine Reihe an Unternehmen in einem bestimmten Zeitraum ähnliche Umsatzgrößen mit einem Produkt erzielt haben und die Unternehmen mit Hilfe der Clusteranalyse zusammengefasst werden sollen, lässt sich dies über die Distanzmaße bestimmen.

Sollten jedoch diese Unternehmen ähnliche Umsatzentwicklungen bei diesem Produkt aufweisen kommt das Ähnlichkeitsmaß zum Zuge.[13]

4.2 Ähnlichkeitsmaße

Ähnlichkeitsmaße kommen im Unterschied zu Distanzmaßen bei nicht-metrischen Daten zum Einsatz.[14] Sie dienen zur Bewertung von Ähnlichkeiten einzelner Objekten.[15] So kann ein Objekt mehreren Clustern anteilig zugerechnet werden.

5. Klassifikationen

5.1 Scharfe Klassifikation

5.1.1 Allgemeine Information

Bei der scharfen Klassifikation wird jedem Objekt genau ein Cluster zugeordnet. Diese genaue Zuordnung kann noch einmal weiter in Hierarchische und Partitionierende Verfahren unterteilt werden.[16]

---

[13] Vgl. http:www.geographie.uni-tuebingen.de/fileadmin/schulung/hans-joachim_rosner/lehre/ws0708/quant_2/q2_7_0708_cluster.pdf
[14] Vgl. http://www.wirtschaftslexikon24.net/d/aehnlichkeitsmasse/aehnlichkeitsmasse.htm
[15] http://wwwiti.cs.uni-magdeburg.de/mmdb/probe.pdf
[16] Vgl. http://imihome.imi.uni-karlsruhe.de/nclusteranalyse_b.html

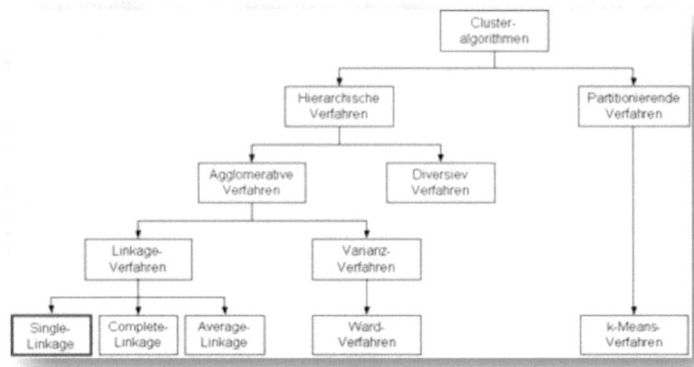

Abbildung 4: Baum der gängigen Clusterverfahren[17]

5.1.2 Hierarchische Verfahren

Das hierarchische Verfahren wird in 2 weitere Verfahren unterteilt. Das agglomerative Verfahren und das divisive Verfahren [18] Das agglomerative Verfahren fasst die einzelnen Objekte nach und nach in immer größere Cluster zusammen (Bottom-up) während beim divisivem Verfahren die Gesamtmenge in immer kleinere Cluster aufgeteilt wird (Top-down). [19]

Das agglomerative Verfahren lässt sich noch weiter in die Linkage-Verfahren und das Varianz-Verfahren aufteilen. Die Linkage-Verfahren sind:

- Single-Linkage Vefahren:
  - o Beim Single Linkage Verfahren wird ein Objekt-Paar aus 2 Clustern gebildet, welches die kürzeste Distanz zwischen den beiden Clustern bildet.
  - o Diese Distanz wird als Distanz zwischen den beiden Clustern gewertet. [20]

17
http://www.mri.imh.unisg.ch/Analysemethoden/Datenanalyse/Deskriptiv/Multivariat/Clusteranaly
se.html
[18] Vgl. http://imihome.imi.uni-karlsruhe.de/nclusteranalyse_b.html
[19] Vgl. http://de.wikipedia.org/wiki/Clusteranalyse
[20] Vgl. http://marktforschung.wikia.com/wiki/Clusteranalyse

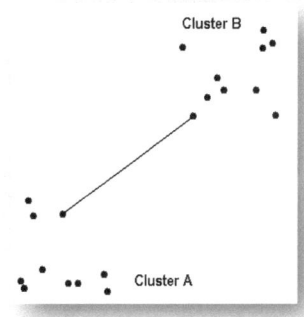

Abbildung 5: Single Linkage Verfahren

- Complete Linkage Verfahren
  - o Beim Complete Linkage Verfahren wird ein Objekt-Paar aus 2 Clustern gebildet, welches die größte Distanz zwischen den beiden Clustern bildet.
  - o Diese Distanz wird als Distanz zwischen den beiden Clustern gewertet.[21]

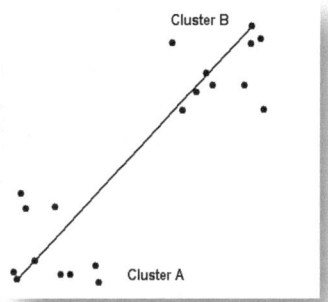

Abbildung 6: Complete Linkage Verfahren

- Average Linkage Verfahren
  - o Beim Average Linkage Verfahren wird jede Distanz jedes Objektes eines Clusters mit den Objekten eines anderen Clusters gemessen und danach wird der Mittelwert dieser gebildet.

---

[21] Vgl. http://marktforschung.wikia.com/wiki/Clusteranalyse

o Dieser Mittelwert wird als Distanz zwischen den Clustern gewertet.

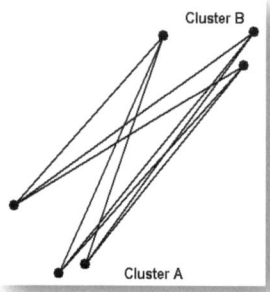

Abbildung 7: Average Linkage Verfahren

Das Varianz Verfahren wird ins Ward Verfahren aufgeteilt. Die Ausgangssituation fürs Ward Verfahren ist, dass jedes Objekt ein Cluster darstellt. Die ähnlichsten Cluster werden nun nach und nach zusammengefasst bis alle in einem einzigen Cluster vereinigt sind.[22]

Um die Ideale Anzahl an Clustern zu bestimmen greift man auf den „Ellenbogen" zurück. Bei diesem werden die Gütekriterien verwendet, welche die Heterogenität in den Clustern angeben. Je weiter diese Gütekriterien zu Clustern zusammengefasst werden, desto mehr verschlechtern sie sich. Inwieweit diese Reduktion der Clusteranzahl bei Verschlechterung der Gütekriterien akzeptiert wird lässt sich mit dem „Ellenbogen" beantworten.

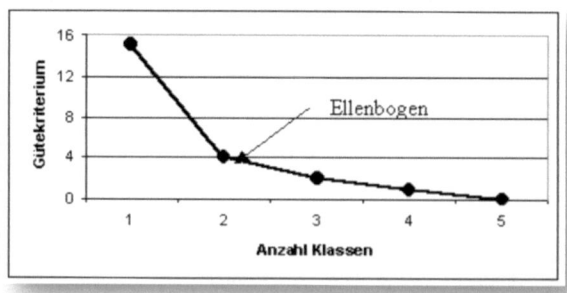

Abbildung 8: "Ellenbogen" zur Bestimmung der optimalen Klassenanzahl

---

[22] Vgl. http://www.i-med.ac.at/msig/lehre/lehrunterlagen/ss07/2007_clusteranalyse.pdf

Durch den starken Anstieg der Cluster/Klassen, lässt sich erkennen, dass sich die Gütekriterien mehr und mehr verschlechtern/verkleinern.

Es gibt jedoch auch Alternativen zur Bestimmung der maximalen Clusteranzahl. Zum einen besteht die Möglichkeit das maximale Heterogenitätsmaß vorzugeben. Zum anderen lässt sich die Clusteranzahl sachlogisch schätzen.[23]

Die Vorteile des agglomerativen Verfahrens bestehen darin, dass es nicht nötig ist, eine Anzahl an Clustern festzulegen. Des Weiteren lassen sich die Cluster auch leicht grafisch darstellen. Jedoch ergibt sich hier ein Nachteil. Bei hohen Datenmengen fällt ein hoher Speicherbedarf für den Strukturbaum an.[24]

5.1.3 Partitionierte Verfahren

Im Unterschied zum hierarchischen Verfahren, werden beim partitioniertem Verfahren die Objekte bereits einer festen Anzahl an Clustern zugeordnet. Mit dieser Ausgangsbasis werden nun nach und nach die Objekte umgruppiert, um so eine verbesserte Lösung zu erreichen.[25]

Das populärste partitionierte Verfahren ist das k-means Verfahren. Das k-means Verfahren ist ein leicht anwendbares Verfahren das flexibel einsetzbar ist.[26] Die Vorgehensweise des Verfahrens sieht wie folgt aus:

Zuerst erfolgt die Vorgabe der Clusteranzahl. Danach werden zufällig Clusterzentren vergeben. Als nächstes werden Objekte über den kleinsten Abstand zum Clusterzentrum zugewiesen. Hiernach wird die Summe der Abstandsquadrate bestimmt. Diese Schritte (bis auf Schritt 1) werden solange wiederholt, bis die Summer der Abstandsquadrate nicht mehr kleiner wird.[27]

Die Nachteile dieses Verfahrens bestehen darin, dass dieser Algorithmus nur ein lokales Optimum findet, welches vom Startcluster abhängig ist. Des Weiteren bestimmt die Ausgangssituation in welche Richtung das Ergebnis gehen wird und mit jeder neuen Ausgangssituation entstehen neue Ergebnisse.[28]

5.2 Unscharfe Klassifikation

Bei der unscharfen Klassifikation werden die Objekte nicht nur einem Cluster zugeordnet, sondern sie werden anteilig verteilt. Diese Anteile bestimmen den

---

[23] http://www.statoek.wiso.uni-goettingen.de/veranstaltungen/graduateseminar/clusteranalyse.pdf
[24] Vgl. http://www.crgraph.de/Clusteranalyse.pdf
[25] Vgl. http://imihome.imi.uni-karlsruhe.de/nclusteranalyse_b.html
[26] Vgl. http://imihome.imi.uni-karlsruhe.de/nclusteranalyse_b.html
[27] Vgl. http://www.crgraph.de/Clusteranalyse.pdf
[28] Vgl. http://www.crgraph.de/Clusteranalyse.pdf

Grad der Zugehörigkeit eines Objektes.[29] Ein Objekt kann somit zu 50% Teil des Clusters 1 sein, zu 30% Teil des Clusters 2 und zu 20% Teil des Clusters 3 sein.

6. Vereinfachte Clusteranalyse mit Excel

Zur Erstellung einer Clusteranalyse mit Excel muss zunächst eine Distanzmatrix erstellt werden. Zur Berechnung benötigt man 3 Excelanweisungen.

1. =mittelwert()   → Berechnung Mittelwert
2. =stabwn()   → Berechnung Standardabweichung
3. =standardisierung()   → Standardisierung

Zunächst werden für die normalen Werte der Mittelwert und die Standardabweichung gebildet. Im nächsten Schritt werden diese Werte Standardisiert und Normalverteilt mit einem Mittelwert von 0 und einer Standardabweichung von 1. Die nun erzeugten Werte sind miteinander vergleichbar. Nun werden diese Werte so gegenübergestellt, dass am Ende alle Möglichkeitskombinationen enthalten sind. Sind z.b. 11 Stadtbezirke vorhanden, muss jeder Stadtbezirk einmal jedem anderen Stadtbezirk gegenüberstehen. Stehen diese Werte einander gegenüber werden sie multipliziert und anschließend quadriert. Die Werte von z.b. Stadtbezirk 1 müssen mit den Stadtbezirken 2 bis11 multipliziert und quadriert werden usw. Werden nun die Werte einer Kombination (z.b. Stadtbezirk 1 mit Stadtbezirk 2), die im letzten Schritt berechnet wurden, addiert, ergibt dies die Euklidische Distanz. Zur vereinfachten Übersicht der Werte, wird hier bei der Euklidischen Distanz nicht die Wurzel gezogen, wie es eigentlich der Fall ist. Dies wird für jede Kombination durchgeführt, so dass am Ende für jede Kombination eine Euklidische Distanz vorliegt. Die Euklidischen Distanzen werden nun aufsteigend sortiert. Die erste Kombination ist die Grundlage für das erste Cluster. Die zweite Kombination wird überprüft ob eine der beiden Werte bereits in der ersten Kombination vorhanden ist. Ist dies der Fall wird Kombination 2 dem ersten Cluster zugeordnet. Ist dies nicht der Fall werden sie dem 2ten Cluster zugeordnet. Dies wird solange durchgeführt bis alle Werte (z.b. Stadtbezirke) einem Cluster zugeordnet sind.[30]

---

[29] Vgl. http://imihome.imi.uni-karlsruhe.de/nclusteranalyse_b.html

[30]

http://www.muenchen.de/cms/prod2/mde/_de/rubriken/Rathaus/40_dir/statistik/meldungen/vdst_2 008/02_02_01_schels.pdf

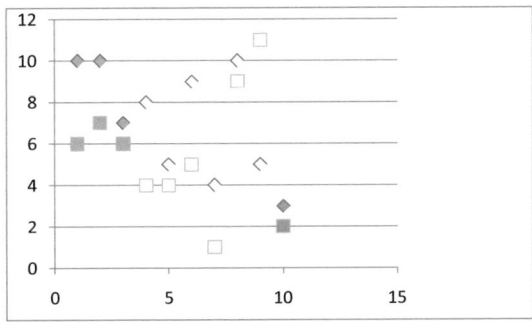

Abbildung 9: Clusterzusammensetzung Excel

Die obere Grafik zeigt die Zuordnung der Werte zu Clustern an. Das erste Paar 10 und 6 bilden das erste Cluster. Das zweite Paar 10 und 7 wird dem ersten Cluster zugeordnet, da der Stadtbezirk 10 schon dem ersten Cluster zugeordnet wurde. Gleiches gilt bei der Kombination 6 und 7. Die darauf folgende Kombination 8 und 4 ist nicht mit dem ersten Cluster verknüpft. Somit beginnt mit ihnen das zweite Cluster. Dieses Verfahren wird solange durchgeführt, bis alle Werte einmal einem Cluster zugeordnet sind.

7. Fazit

Die Clusteranalyse ist ein effektives Verfahren um heterogene Objekte in homogene Cluster einzuteilen.

Ihr Einsatzgebiet ist sehr flexibel und wird in der Wirtschaft häufig im Marketing eingesetzt um dort z.B. Kundengruppen zu identifizieren oder gleichartige Produkte zu unterteilen. Sie stellt somit ein gutes hilfreiches Instrument dar um Produkte, Kunden oder Konkurrenten in einer übersichtlichen und leicht anschaulichen Form darzustellen.

Literaturverzeichnis

Martin Volkmann (2000): Clusteranalyse, Karlsruhe, (http://imihome.imi.uni-karlsruhe.de/nclusteranalyse_b.html)

Marktforschung Wikipedia: Clusteranalyse
(http://marktforschung.wikia.com/wiki/Clusteranalyse)

Felix Brosius (1998): SPSS 8
(http://www.molar.unibe.ch/help/statistics/SPSS/28_Clusteranalyse.pdf)

Carl P. Pfeiffer (2006): Clusteranalyse, Innsbruck (http://www.i-med.ac.at/msig/lehre/lehrunterlagen/ss07/2007_clusteranalyse.pdf)

Wikipedia (englisch): Cluster analysis in marketing
(http://en.wikipedia.org/wiki/Cluster_analysis_(in_marketing))

Dipl.-Ing. Curt Ullrich Ronniger: Clusteranalyse, München
(http://www.crgraph.de/Clusteranalyse.pdf)

Wirtschaftslexikon24.net: Ähnlichkeitsmaße
(http://www.wirtschaftslexikon24.net/d/aehnlichkeitsmasse/aehnlichkeitsmasse.htm)

Backhaus, Klaus/Erichson, Bernd/Plinke, Wulff/Weiber, Rolf: Multivariate Analysemethoden – Eine anwendungsorientierte Einführung, 11. Aufl., Berlin u.a. 2005 • Foliensammlung: Clusteranalyse,
(http://public.univie.ac.at/fileadmin/user_upload/lehrstuhl_marketing/Dokumente_Mitarbeiter/Heribert_Reisinger/Lehre/Salzburg/seminar09_clusteranalyse.pdf)

Dipl.-Kfm. Christian Hundeshagen: Clusteranalyse, Göttingen
(http://www.statoek.wiso.uni-goettingen.de/veranstaltungen/graduateseminar/clusteranalyse.pdf)

Filip Berus, Birgit Hackbarth (2007): Clusteranalyse, Tübingen,
(http://www.geographie.uni-tuebingen.de/fileadmin/schulung/hans-joachim_rosner/lehre/ws0708/quant_2/q2_7_0708_cluster.pdf)

http://wwwiti.cs.uni-magdeburg.de/mmdb/probe.pdf

Universität St. Gallen (2007): Clusteranalyse, St. Gallen, (http://www.mri.imh.unisg.ch/Analysemethoden/Datenanalyse/Deskriptiv/Multivariat/Clusteranalyse.html)

Wikipedia (deutsch): Clusteranalyse, (http://de.wikipedia.org/wiki/Clusteranalyse)

Helmut Schels (2008): Vereinfachte Clusteranalyse mit Excel, Ingolstadt, München, (http://www.muenchen.de/cms/prod2/mde/_de/rubriken/Rathaus/40_dir/statistik/meldungen/vdst_2008/02_02_01_schels.pdf)